BEI GRIN MACHT SICH IHR WISSEN BEZAHLT

- Wir veröffentlichen Ihre Hausarbeit, Bachelor- und Masterarbeit

- Ihr eigenes eBook und Buch - weltweit in allen wichtigen Shops

- Verdienen Sie an jedem Verkauf

Jetzt bei www.GRIN.com hochladen und kostenlos publizieren

Florian Tilk

Die wirtschaftliche Bedeutung der Hoover-Talsperre

GRIN Verlag

Bibliografische Information der Deutschen Nationalbibliothek:

Die Deutsche Bibliothek verzeichnet diese Publikation in der Deutschen National-
bibliografie; detaillierte bibliografische Daten sind im Internet über http://dnb.d-
nb.de/ abrufbar.

Impressum:

Copyright © 2011 GRIN Verlag, Open Publishing GmbH
Druck und Bindung: Books on Demand GmbH, Norderstedt Germany
ISBN: 978-3-656-10872-6

Dieses Buch bei GRIN:

http://www.grin.com/de/e-book/186918/die-wirtschaftliche-bedeutung-der-hoover-
talsperre

Friedrich-Schiller-Gymnasium Marbach

Die wirtschaftliche Bedeutung

der Hoover – Talsperre

Von Florian Tilk

Hausarbeit
im Grundkurs Erdkunde
Schuljahr 2011/2012

24. Januar 2012

1. Vorwort

In den Vereinigten Staaten von Amerika entstand 1931-1935 die Hoover-Talsperre, welche damals wie heute als Jahrhundertbauwerk bezeichnet wird.
Auch wenn dieser Staudamm, wie ich während meiner Arbeit merkte, in Deutschland nicht sehr bekannt ist, ist er bis heute eines der wichtigsten Bauwerke in seiner Umgebung und das obwohl er jetzt schon über 75 Jahre alt ist.
Deshalb stelle ich in der folgenden Arbeit die wirtschaftliche Bedeutung der Hoover-Talsperre dar, die ihr heute genauso wie damals beigemessen wird.

Allerdings wird in dieser Arbeit nicht die ökologische Nachhaltigkeit der Hoover-Talsperre betrachtet oder mit einbezogen, welche aber für heutige Verhältnisse damals viel zu unzureichend bedacht wurde.

Die Gründe für das Erstellen genau dieser Arbeit liegen vor allem in meinem eigenen Interesse an den Vereinigten Staaten von Amerika, welche mich auch schon zu einigen früheren Arbeiten in diesem Bereich gebracht haben. Speziell auf dieses Thema wurde ich durch die N24-Dokumentation „Der Hoover-Staudamm" aufmerksam, bei der zwar weniger die wirtschaftliche Bedeutung behandelt wird, aber dennoch ein Vergleich zwischen dem Originalbau und einem heute denkbaren Bau eines wirtschaftlich gleichbedeutenden Staudamms gezogen wird.

Inhaltsverzeichnis

2. Allgemeine Daten

2.1. Hoover-Talsperre

Der Hoover-Dam liegt genau auf der Grenze der US-Bundesstaaten Arizona und
Nevada im Tal des Black Canyon. Diese 221,46 Meter hohe und am Fuße 201 Meter
dicke Talsperre staut den Colorado River zum Lake Mead. Die Kosten für dieses
immense, von 1931-1935 gebaute, Bauwerk betrugen um die 49 Millionen Dollar. In
seinem Generatorenhaus stehen 17 Generatoren, die heute, nach einem zwischen-
zeitlichen Umbau zur Leistungssteigerung, 2080 Megawatt liefern. Die Hoover-
Talsperre hat ein Volumen von 2,6 Millionen Kubikmetern und verbindet durch die auf
der 379,2 Meter langen und 14 Meter breiten Krone verlaufende Straße nicht nur 2 US-
Bundesstaaten, sondern auch deren verschiedene Zeitzonen.

2.2. Lake Mead

Der Lake Mead wurde erst durch die Aufstauung des Colorado Rivers, mit Hilfe der
Hoover-Talsperre, geschaffen. Sein Speichervolumen beträgt 35,1 Milliarden
Kubikkilometer und macht ihn somit zum größten Stausee der USA. Bei maximaler
Aufstauung hat der Lake Mead eine Wasseroberfläche von 639 Quadratkilometern, bei
einer Länge von ungefähr 170 Kilometern und einer maximalen Tiefe von 180 Metern.
Des Weiteren ist er Teil der Lake Mead National Recreation Area, welche als
Naturschutz- und Erholungsgebiet dient.

2.3. Colorado River

Der Colorado River zieht sich mit seinen 2 333 Kilometern Länge vom Rocky-
Mountain-Nationalpark in Colorado bis zu seiner Mündung in den Golf von
Kalifornien. Diese erreicht er allerdings nur noch selten, denn der Colorado River gilt
als wichtigster Fluss zur Wasserversorgung im Südwesten der USA und wird von 10
Staudämmen aufgestaut. Sein Einzugsgebiet beträgt 703 132 Quadratkilometer und
seine mittlere Abflussmenge von 620 Kubikmeter pro Sekunde, stellt nur ein Drittel der
zu vergleichenden Menge des Rheins dar.

3. Der Bau

3.1. Bauweise

Die Hoover-Talsperre galt nach Ihrer Fertigstellung als das „Achte Weltwunder"[1] und als „Anschauungsobjekt für den modernen Staudammbau"[2]; diese beiden Aussagen zeigen die für 1935 sehr fortschrittliche Bauweise, die es ermöglichte das bis 1945 höchste Absperrbauwerk der Erde zu erbauen.

Dabei war der Hoover-Staudamm nur einer der drei Staudämme im Gesamtprojekt „Boulder Canyon" und ist nach dem Prinzip einer Bogengewichtsstaumauer gebaut. Zusätzlich wurde hier das damals noch neue Verfahren der Glasfaserarmierung eingesetzt, um das Bauwerk noch stabiler zu machen. Man kann sogar allgemein sagen, dass der Hoover-Dam auf maximale Stabilität ausgelegt wurde. Für seinen Bau wurden 6 Millionen Tonnen Beton verwendet, der mit Stahl und Glasfasergewebe weiter verstärkt wurde. Dabei wurde die Talsperre allerdings nicht in einem Stück betoniert, sondern in vielen trapezförmigen, 1,5 Meter hohen Blöcken. Dies war notwendig, da der Beton sonst beim Aushärten, bei dem Beton normalerweise schon warm wird, in solch einer Größe viel zu heiß geworden wäre und dadurch das Aushärten sehr lange gedauert hätte. Zusätzlich wurden noch Kupferrohre in jeden der Blöcke einbetoniert, in denen kaltes Wasser zur weiteren Kühlung zirkulierte.

3.2. Probleme beim Bau

Standortwahl: Für den Bau der Talsperre stellten sich anfangs zwei Stellen am Colorado River für geeignet heraus, zum einen der Boulder Canyon, den die Regierung favorisierte, und zum anderen der Black Canyon. Die Standorte wurden aufgrund von drei wesentlichen Faktoren ermittelt:

1. Die Beschaffenheit der Felswände, welche dem Wasserdruck standhalten müssen
2. Die Schaffung einer möglichst großen Speicherkapazität des entstehenden Stausees
3. Eine minimale Entfernung zu Infrastruktur und Bevölkerungszentren, welche die Probleme der Material- und Arbeitskräftebeschaffung minimieren sollten.

Erst bei einer eingehenden zweiten Untersuchung wurde festgestellt, dass der Black Canyon in allen drei Kriterien besser abschnitt, als der Boulder Canyon.

Bau: Um den Bau zu ermöglichen, musste erst einmal der gesamte Colorado River umgeleitet werden, damit die Baustelle trockengelegt war.

---

[1] Zitat von N24 Dokumentation: „Der Hoover-Staudamm"
[2] Zitat von N24 Dokumentation: „Der Hoover-Staudamm"

Hierfür wurden zwei Tunnel mit einem Durchmesser von 17 Metern und einer Länge von 1,2 Kilometern auf jeder Seite aus dem Fels gearbeitet. Darüber hinaus wurden Eisenbahnstrecken und Straßen in den Fels gebaut, um Material in das Flussbett schaffen zu können.

Wasserverdampfung: Hätte man den Staudamm noch höher gebaut, so wäre die dadurch wachsende Stauseegröße nicht mehr effizient gewesen, da dann in den heißen Wüstensommern durch die extrem große Wasserfläche zu viel Wasser verdunstet wäre.

Arbeitsverhältnisse: Durch die schwierigen Arbeitsverhältnisse wie Hitze, Nahrungsmangel, schwerer körperliche Arbeit und anfangs schlechte Behausungen und sanitäre Einrichtungen, starben während des Baus 96 der Arbeiter.

4. Die wirtschaftliche Bedeutung

4.1. Wasserversorgung

Eine der wichtigsten Bedeutungen, die dem Hoover-Dam beigemessen werden, ist die Wasserversorgung, die durch den von ihm aufgestauten See, den Lake Mead, aufrechtgehalten werden kann. Denn ohne diesen riesigen Wasserspeicher würde es viele der „Wüstenstädte", wie zum Beispiel Las Vegas nicht geben. Las Vegas bezieht 90% seines Wassers aus dem Lake Mead. Aber auch Los Angeles und viele weitere Städte beziehen Wasser aus dem Stausee, um den Bedarf an Trinkwasser der Einwohner zu decken. Insgesamt versorgt allein der Lake Mead 18 Millionen Menschen mit frischem Trinkwasser, welches überlebensnotwendig ist. Der Lake Mead speichert zwar genug Wasser um Colorado zwei Jahre lang mit Wasser versorgen zu können, doch dieser Wasserspeicher ist keinesfalls unerschöpflich, wie John A. Zebre[3] vor allem vor dem Hintergrund des täglich steigenden Wasserbedarf bei einem endlichen Wasserreservoir richtig sagt.

Dies begründet auch die Notwendigkeit von Notfallplänen, die es gibt, um im Falle eines zu starken Absinkens des Stauseepegels, Wassersparmaßnahmen auszulösen, was zur Folge hat, dass zum Beispiel Springbrunnen abgeschaltet und Autowaschen verboten wird, um die Trinkwasserversorgung der Menschen, die der Lake Mead versorgt, sicherstellen zu können. Die Pläne, welche noch einmal die wirtschaftliche

---

[3] "We have a very finite resource and demand which increases and enlarges every day," said John A. Zebre, a Wyoming lawyer and the president of the Colorado River Water Users Association. –NY Times

Bedeutung unterstreichen, wurden aufgrund der aktuellen „Dürre"[4] ausgearbeitet, die
den Wasserspeicher des Lake Mead seit 2000 um ungefähr 40% hat absinken lassen.
Dies treibt nun die Wasserpreise in der Region in die Höhe und die Bauern, die auch das
Wasser des Lake Mead zur Bewässerung benutzen, was den zweitgrößten Verbrauch
darstellt, können sich bei einer weiter anhaltenden „Dürre" ihrer Zukunft wohl kaum
mehr sicher sein. Deshalb versuchen jetzt schon viele Wassermanager dieser Region
neue Wasserquellen zu erschließen, um die Versorgung auch in Zukunft sicherstellen zu
können und die wirtschaftliche Abhängigkeit vom Stausee, die aktuell wohl bei fast
100% liegen müsste, zu minimieren.

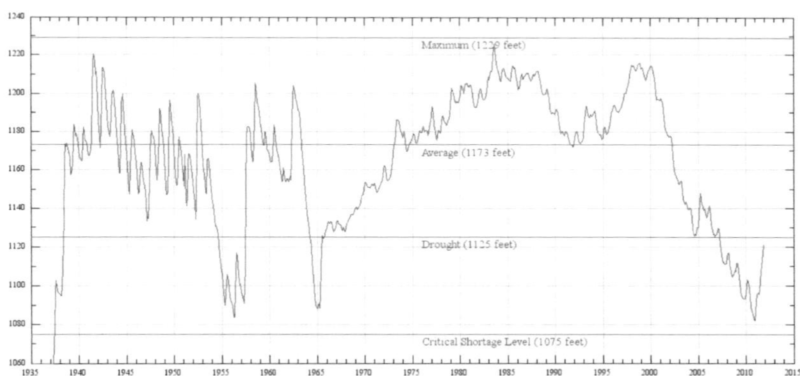

[5]In diesem Diagramm wird der Wasserspiegel des Lake Mead in Fuß (feet[6]) von der Erbauung bis heute
dargestellt; außerdem sind bestimmte Level[7] eingezeichnet.

4.2. Energieversorgung

Nach der Sicherstellung der Wasserversorgung ist die Energieversorgung mit
Elektrizität der zweitbedeutendste Faktor, der die Hoover-Talsperre zu einem
wirtschaftlich wichtigen Bauwerk macht. Allein der Hoover-Staudamm produziert
jährlich ungefähr 4,4 Milliarden Kilowattstunden elektrischen Strom, welcher den
Bedarf von rund 1,7 Millionen amerikanischen Haushalten deckt. Dabei wird die
Elektrizität allerdings nicht, wie man annehmen würde, im nur 50 Kilometer entfernten
Las Vegas verbraucht, sondern 56% der Energie werden nach Süd-Kalifornien geliefert.

---

[4] Es kann hier eigentlich nicht von einer Dürre gesprochen werden, da im Vergleich in den letzten 100
Jahren nur übermäßig viel Regen gefallen ist und nun wieder durchschnittlicher Niederschlag
verzeichnet wird
[5] http://www.arachnoid.com/NaturalResources/image.php?mead
[6] 1 foot = 0,3048 Meter
[7] Maximum-maximaler Staupegel; Average-Durchschnittspegel; Drough-Pegel unter dem von einer
Dürre gesprochen wird; Critical Shortage Level-Unterhalb dieses Pegels werden Notfallmaßnahmen aktiv

Dies ist auf den Verkauf der Anteile (ca. 1929) des im Wasserkraftwerk produzierten elektrischen Stroms zurückzuführen, denn damals war Las Vegas noch eine kleine Stadt und der Bürgermeister lehnte den Kauf von Anteilen mit der Begründung: „Las Vegas wird nie mehr als 5000 Einwohner haben…"[8] ab. Der Großteil der Energie wird deshalb über 354 Kilometer lange Stromleitungen nach Kalifornien und hier speziell an die Metropole Los Angeles geliefert, welche als Dienstleistungszentrum und zweitgrößte Stadt der USA einen immensen Elektrizitätsverbrauch hat. Darüber hinaus ist der Hoover-Dam immer noch der zweitgrößte Stromproduzent Nevadas und kann durch die Einnahmen die Refinanzierung der Baukosten und die Wartungskosten allein tragen. Er produziert mehr als doppelt so viel elektrischen Strom, wie ein Atomkraftwerk und dies allein durch Wasserkraft.

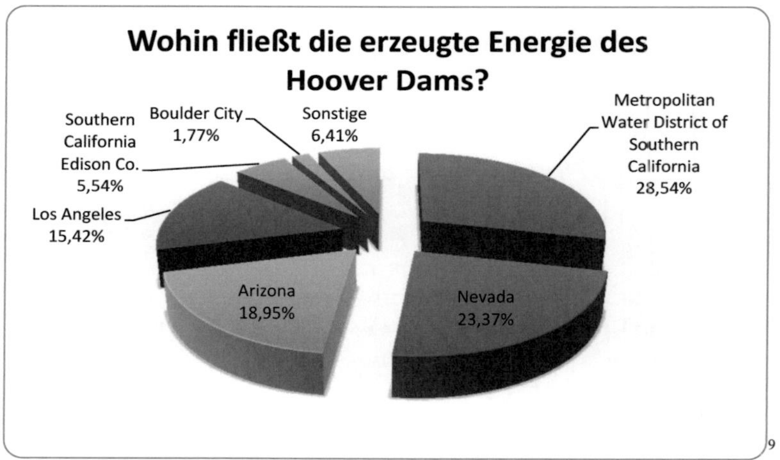

4.3. Hochwasserschutz

Ein nicht zu vernachlässigender Aspekt bei allen Staudämmen ist, dass durch die Staudämme der Flusslauf unterhalb kontrolliert werden kann, um die jährlichen Hochwasser aufzustauen und ganzjährlich einen konstanten Wasserpegel halten zu können. Hierdurch werden die Felder von Bauern, Häuser und Städte geschützt, die bei einem Hochwasser überflutet und zerstört würden. Außerdem gibt es auch keine Dürren mehr, die die Wasserversorgung der Felder beeinträchtigen könnten. Ursprünglich gab es jeden Frühling durch die Schneeschmelze bedingt ein Hochwasser, doch nun,

---

[8] Zitat des damaligen Bürgermeisters (http://www.westkueste-usa.de/2003/mn_HooverDam.htm)
[9] Nach Vorlage von: *http://www.wigeo.uni-hannover.de/typo3temp/pics/bb0a3a755e.jpg*

nachdem der Mensch die Hoover-Talsperre errichtet hat, hat er die Kontrolle über die Naturgewalt des Wassers.

4.4. Tourismus

Eine weitere wirtschaftliche Bedeutung stellt der Tourismus dar, welcher viele Besucher vor allem in das durch den Stausee geschaffene Naherholungsgebiet Lake Mead lockt. Das Naherholungsgebiet ist für seine schönen Wandertouren rings um den Stausee, genauso wie für Bootfahren, Tauchen und Angeln in, am und auf dem See bekannt. Der große Besucherandrang lässt sich meist auf die aus den naheliegenden Großstädten kommenden Wochenendtouristen zurückführen, die hier eine ideale Erholungslandschaft vorfinden.

Aber auch der Hoover-Dam selbst verzeichnet einen großen Andrang, der bei ungefähr sieben Millionen Besuchern im Jahr liegt, welche aus der ganzen Welt kommen, um sich dieses überwältigende Bauwerk anzuschauen, darunter sind jährlich rund eine Million Touristen, die eine Führung in und um das Bauwerk mitmachen. Deswegen wurde für mehrere Millionen Dollar im Jahre 1995 das Visitor Center gebaut, in welchem sich sowohl eine Ausstellung über die Geschichte des Staudamms, als auch Erklärungen zum heutigen Aufbau und den technischen Abläufen befinden.

4.5. Verkehrsweg

Auch ein Aspekt von wirtschaftlicher Bedeutung ist sicher der Verkehrsweg, in Form des US Highway 93, der über die Krone des Hoover-Dams führte. Bis am 19. Oktober 2010 um 22 Uhr dann der ca. 1,5 Kilometer entfernte Hover Dam Bypass eröffnet wurde, da die zweispurige Straße auf der Staumauer einfach nicht mehr ausreichte. Der Hoover Dam Bypass ist eine 270 Meter hohe und 580 Meter lange Brücke über den Colorado River unterhalb der Talsperre, deren offizieller Name eigentlich Mike O´Callaghan Tillman Memorial Bridge ist. Diese Brücke, die auch noch mehr oder weniger als Teil des Hoover-Dams gesehen wird, ersetzt nun ohne Umwege die kurvige Route direkt über die Staumauer. Ferner ist die Brücke vierspurig ausgebaut, um den 14000 Fahrzeugen, die täglich den US Highway benutzen, gerecht zu werden, denn dieser Highway ist die wichtigste Nord-Süd-Verbindung im Westen der USA. Auch mit Ausblick in die Zukunft, für die noch ein erheblich größeres Verkehrsaufkommen auf dieser Route erwartet wird, ist dies nun eine Lösung. Besucher des Hoover Dams können allerdings noch immer den Weg direkt über die Talsperre wählen, um die Sehenswürdigkeit zu besichtigen.

4.6. Sonstiges

4.6.1. Arbeit

Die wirtschaftliche Bedeutung der Arbeit ist im Zusammenhang mit der Hoover-Talsperre auch nicht zu vernachlässigen, denn das Hoover-Dam-Bauprojekt brachte rund 5000 Menschen Arbeit. Es handelt sich bei diesem Bauprojekt auch um eine politische Dringlichkeit, die im Jahre 1930, also 10 Jahre nach der Wirtschaftskrise in den Vereinigten Staaten, ein nachfrageorientiertes Handeln zeigt. Zu diesem Zeitpunkt war die USA immer noch in einer tiefen Depression versunken. Denn dieses Großprojekt senkte die Arbeitslosigkeit, aber nicht nur das, die Arbeiter wurden zudem für damalige Verhältnisse auch noch sehr gut bezahlt. Während der gesamten Bauzeit arbeiteten 21000 verschiedene Bauarbeiter auf der Baustelle, welche größtenteils aus Nevada stammten, da dies der US-Bundesstaat ist, wo die nächstgelegenen Städte liegen.

Tabelle zum Vergleich der Lohneinkünfte der Hoover-Dam-Bauarbeiter

Arbeit	Jahresverdienst in US-Dollar
Auf der Baustelle:	
Baggerführer	3650
Kipplastfahrer	2920
Durchschnittsverdienst	1825
Mindestverdienst	1460
Vergleichswerte:	
Stahlarbeiter	422,87
Anwalt	4218

[10]

---

[10] http://www.usbr.gov/lc/hooverdam/

Tabelle zum Herkunftsland der meisten Hoover-Dam-Bauarbeiter

Herkunftsland der Arbeiter	Anzahl
Nevada	5522
Kalifornien	5055
Arizona	643
Insgesamt	*ca. 21000*

[11]

4.6.2. Städte

Boulder City

Diese Stadt entstand erst nachdem die Bauarbeiten am Hoover-Dam begonnen hatten. Sie war als Unterkunft für die Arbeiter gedacht, damit diese in der Nähe der Baustelle wohnen können, denn Boulder City liegt nur 10 Kilometer vom Hoover-Staudamm entfernt. Die Gründung dieser Stadt ist also nur den Bauarbeiten zu verdanken. Heute hat sie über 16 000 Einwohner und sogar einen eigenen Flughafen.

Las Vegas

Es ist zwar ziemlich unbekannt, aber auch der wirtschaftlich Aufschwung und das rasante Wachstum von Las Vegas ist dem Hoover- Dam zu verdanken, denn während der Bauzeit, als die meisten Bauarbeiter im 30 Kilometer entfernten Boulder City lebten, in welchem Glücksspiele und Alkohol streng verboten waren, sehnten sich die Arbeiter nach genau diesem. Deshalb verbrachten die meisten ihre Freizeit in Las Vegas, der nächsten Stadt in der beides erlaubt war. Durch das große Interesse an den Glücksspielen und alkoholischen Getränken, wurden immer mehr Casinos und Bars eröffnet, die letztendlich immer mehr Leute in die Stadt brachten und so den wirtschaftlichen Aufschwung bewirkten. Heute ist Las Vegas eine blühende und schnell wachsende Metropole mit mehr als einer Million Einwohnern und Unmengen an Casinos und Bars.

---

[11] *http://www.usbr.gov/lc/hooverdam/*

4.7. Fazit

Als Fazit kann man den Schluss ziehen, dass der Hoover-Dam eines der wirtschaftlich wichtigsten, wenn nicht sogar das Wichtigste, Bauwerk im Süd-Westen der Vereinigten Staaten ist. Denn ohne die Talsperre wäre ein Großteil des Lebens und Arbeitens in dieser Region, vor allem wegen der fehlenden Wasser- und Elektrizitätsversorgung nicht möglich. Es ist ein „Denkmal der menschlichen Möglichkeiten"[12], welches für viele wirtschaftliche Ereignisse der Vergangenheit und Gegenwart von Bedeutung ist und es ist durch seine Massivität für die Ewigkeit gebaut, weshalb es wahrscheinlich noch eine ganze Weile von wirtschaftlicher Bedeutung bleiben wird.

---

[12] Zitat von N24 Dokumentation: „Der Hoover-Staudamm"

5. Anhang

5.1. Literaturverzeichnis

Bücher:

Lake Mead – Hoover Dam *The Story behind the Scenery*
           James C. Maxon *ISBN 0-916122-61-1*
Kalifornien   *mit Grand Canyon und Las Vegas*
           Stefan Loose   *ISBN 3-7701-6110-6*
USA   *der ganze Westen*
           Hans-R. Grundmann ISBN 978-3-89662-232-7
Alexander   *KombiAtlas für Baden-Württemberg*
           Klett   *ISBN 3-623-49712-6*

Internet:

http://www.youtube.com/watch?v=I-nqgSkB6UU
http://www.youtube.com/watch?v=LvJ88YA5cCk&feature=related
http://www.youtube.com/watch?v=MPQpjGUsrXI&feature=related
http://www.youtube.com/watch?v=GBd_ANtdllk&feature=related
http://de.wikipedia.org/wiki/Hooverdamm
http://de.wikipedia.org/wiki/Lake_Mead
http://de.wikipedia.org/wiki/Colorado_River
http://de.wikipedia.org/wiki/Arizona
http://de.wikipedia.org/wiki/Nevada
http://de.wikipedia.org/wiki/Las_Vegas
http://de.wikipedia.org/wiki/Bogengewichtsmauer
http://de.wikipedia.org/wiki/U.S._Highway_93
http://de.wikipedia.org/wiki/Mike_O%E2%80%99Callaghan-
Pat_Tillman_Memorial_Bridge
http://www.usbr.gov/lc/hooverdam/
http://www.westkueste-usa.de/2003/mn_HooverDam.htm
http://de.wikipedia.org/wiki/Colorado

5.2. Glossar

Hoover-Talsperre:	*Korrekte Übersetzung von engl. „Hoover-Damm": wird im Deutschen oft fehlerhaft als Hoover-Staudamm, bezeichnet, was jedoch der eigentliche amerikanische Name nicht meint.*
Nevada:	*Nevada ist ein US-Bundesstaat, der im westlichen Teil der USA liegt, er hat eine Fläche von 286 351 km² mit ca. 2,7 Mio. Einwohnern und grenzt im Süden an Arizona.*
Arizona:	*Der US-Bundesstaat Arizona liegt im Südwesten der USA und hat auf einer Fläche von 295 254 km² ca. 6,4 Mio. Einwohner. Er grenzt im Norden an Nevada.*
Black Canyon:	*Der Canyon, durch den der Colorado River an der Hoover-Talsperre fließt. Dieser Canyon wurde in Jahrmillionen durch den Colorado River geformt. Er liegt in der Mojave-Wüste.*
Mittlere Abflussmenge:	*Die mittlere Abflussmenge ist die durchschnittliche Abflussmenge innerhalb eines Jahres.*
Bogengewichtsstaumauer:	*Es handelt sich hierbei um eine Mischung von zwei Varianten des Staudammbaus: Der Gewichts- und der Bogenstaumauer. Dabei wird ein Teil der Kraft des Wasserdrucks durch die Bogenform in den Felshang abgegeben. Der andere Teil wird durch den großen und schweren Sockel der Staumauer vom Boden aufgenommen.*
Glasfaserarmierung:	*Hierbei wird beim Betonieren zusätzlich Glasfasergewebe mit einbetoniert, um den Beton resistenter gegen Druck- und Zuglasten zu machen.*
Colorado	*Colorado ist ein US-Bundesstaat, mit 5 Millionen Einwohnern.*

5.3. Nachwort

Letztendlich sind in diesem Werk allerdings nur positive Aspekte genannt worden, die die wirtschaftliche Bedeutung unterstreichen. Negative Aspekte, wie zum Beispiel die ökologischen Schädigungen und Nachwirkungen des Hoover-Dam sind hier nicht aufgeführt, da dies noch einmal ein großer Themenbereich wäre.

Alles in allem will ich hier auch wieder auf die N24 – Dokumentation verweisen und mit der Frage „Werden Ingenieure der Gegenwart je ähnliches leisten?"[13] mein Werk beenden.

---

[13] Zitat von N24 Dokumentation: „Der Hoover-Staudamm"